四大发明的古往今来

中国古代科技历史档案

火药

张文杰　杨迎春　孙　扬◎编著
曾博文◎插图

内容提要

本书从中国古代四大发明出发，以四个分册分述四个发明，每个发明从九个方面展开叙述，把中国古代四大科技发明故事化、演绎化、趣味化，并配漫画以图文并茂的形式展现。主要内容包括造纸术、印刷术、火药、指南针的发明历程与推广应用故事，以及后来的传播、技术改进、历史贡献及流传至今的技术创新等。本书读者对象为广大青少年学生及科普爱好者。

图书在版编目(CIP)数据

四大发明的古往今来. 火药/张文杰，杨迎春，孙扬编著. —上海：上海交通大学出版社，2022.7（2023.12重印）

ISBN 978-7-313-26718-4

Ⅰ.①四… Ⅱ.①张…②杨…③孙… Ⅲ.①技术史—中国—古代—青少年读物②火药—技术史—中国—古代—青少年读物 Ⅳ.①N092-49

中国版本图书馆 CIP 数据核字(2022)第105219号

四大发明的古往今来(火药)

SI DA FAMING DE GUWANGJINLAI(HUO YAO)

编　　著：张文杰　杨迎春　孙　扬

出版发行：上海交通大学出版社　　地　　址：上海市番禺路951号

邮政编码：200030　　电　　话：021-64071208

印　　制：上海景条印刷有限公司　　经　　销：全国新华书店

开　　本：880mm×1230mm　1/32　　总 印 张：11

总 字 数：147千字

版　　次：2022年7月第1版　　印　　次：2023年12月第2次印刷

书　　号：ISBN 978-7-313-26718-4

定　　价：68.00元(共4册)

序

Foreword

勤劳智慧的中华民族创造了灿烂的古代文明，曾是先进生产力与先进文化的代表，从汉、唐到宋、元、明、清，保持了1000余年的世界强国之位。然而在清朝后期，中华民族落伍了。当今时代，中华民族走上了伟大的复兴之路。追溯古代兴盛与文明，汲取创新源泉，具有重要的现实意义。

中国古代科技发明创造众多，其中四大发明无疑是最为璀璨耀眼的明珠，是祖先传给我们的最为宝贵的精神财富，是先进生产力和创新之源泉。

四大发明源于生产和生活，折射了古代劳动人民善于观察，勇于创造的精神。古人利用地球大磁体（地理的南极与北极分别为地磁体的北极N与南极S）与小磁体之间异性磁极吸引、同性磁极排斥的特性，造出了静止时两个磁极指向南北方向的指南针，最早的指南针叫司南，产生于战国时期。发明于西汉初期，后经东汉蔡伦改进后的造纸术利用树皮、麻头、粗布、渔网等经过制浆处理得到植物纤维纸，史称“蔡侯纸”。蔡侯纸因材料经济易取，纸质光滑细腻，一经推广便盛传开来，是书写载体的伟大变革。火药的发明很有戏剧性，它是古代炼丹家在炼制长生不老仙药过程中因操作不慎而致的副产品，诞生于隋代，刚开始只是用于烟火杂技，北宋初开始用于军事。北宋的毕昇在唐代发明的雕版印刷术的基础上，反复研究实践，最终发明了活字印刷术，成为印刷史的伟大技术革命。

然而，中国四大发明的提出，却出自外国人，可见其影响之远。英国哲学家、实验科学的始祖弗兰西斯·培根曾说：“印刷术、火药和指南针这三种发明将全世界事物的面貌和状态都改变了，从而产生了无数的变化：印刷术在文化，火药在军事，指南针在航海……历史上没有任何帝国、宗教或显赫人物能比这三大发明对人类的事物有更大的影响力。”这一说法后来得到了马克思的肯定，他评价说：“火药、指南针、印刷术——

这是预告资产阶级社会到来的三大发明。火药把骑士阶层炸得粉碎，指南针打开了世界市场并建立了殖民地，而印刷术则变成了新教的工具，总的来说变成了科学复兴的手段，变成对精神发展创造必要前提的最强大的杠杆。”20 世纪 40 年代，英国科学家李约瑟实地考察研究了中国科技史后，在火药、指南针、印刷术三大发明的基础上补上了“造纸术”，提出了中国古代“四大发明”的观点，自此广为流传至今。

四大发明及其在世界的传播，对于世界文明的发展起了巨大的推动作用，这是中华民族对世界做出的卓越贡献，是中国人引以为傲的科学成就，其中蕴涵的古人智慧与科学精神是滋养当代青少年成长成才的精神食粮，是激发创新思维的力量源泉，值得代代传承。

《四大发明的古往今来》一书突破常规的理论知识说明式的描写手法，通过创设古代劳动人民为解决当时生产生活难题而思考研究的故事情境，对四大发明进行了追根溯源，将造纸术、印刷术、火药、指南针的发明、发展、传播及影响演绎为故事，以新的视角回望中国古代发明，情节生动有趣，便于读者理解与识记。这是一种创新写法，适合青少年的科学普及与科学精神教育。因此，《四大发明的古往今来》是作为中小学生素质教育读本的不错选择。

当代青少年肩负实现中华民族伟大复兴之重任，了解中国古代科技文明，有助于激发民族自豪感，增强中华民族文化自信，积聚科技自主创新和自立自强之力量。正所谓——

中华复兴起宏图，自主自立自强书。

造纸有术源中土，活字印刷传经著。

火药意外成黩武，磁针指南新航路。

四大发明曾耀祖，熠熠光芒照今古。

中国科学院院士

2022年3月

前言

编写一本反映我国古代科技文明的普及读物，是笔者一直以来的愿望。

“四大发明”是中国古代科技创新皇冠上耀眼的明珠。它发明于中国，发展了中国；它传播于世界，改变了世界。造纸术更新了记录模式，印刷术创新了书写历史，火药刷新了文明进程，指南针肇新了全球方位。因而，四大发明，它不只是一个个的小发明，也不只是对一个小的领域、小的方面的一些改进，而是一个个推动社会发展进步的大变革。

《四大发明的古往今来》每一分册开篇创设了以某原始部落三个家庭为主的故事主人公颛苍、以鸷、冀炼、青瑛子、峨枒与相关群体，演绎了他们的日常生活与团结协作，以及随着生活生产的发展，上古人在那个没有指南针、没有纸笔、没有印刷、没有烟花火药的年代，所面临的种种难题和他们想要改变现状的思考……

造纸术，是古人智慧生活的结晶。睿智的蔡伦，有着喜好钻研，以发明创造改善生产生活环境的优良品格，归纳诸多“造纸”民方民法，多方试验，终于以“蔡侯纸”的发明，让人们不再用刀刮骨刻石或在墙壁上涂抹。一张张轻纸，一本本薄卷，代替了洞窟石壁和汗牛竹简。

印刷术，是古人改善劳作的成就。有心的毕昇，专心于工作，用心于生活，在孩童们的摆家家玩乐中，想到了把雕版印刷中的“死”字变“活”，终于以“胶泥字”的发明，让人们不再有因刻坏了一个字而废掉一个整版的烦恼。一块胶泥，一版活字，使刻版印制变得简约。

火药，是古人无心插柳的收获。任谁也不会想到，火药的发明，不是军工专家的专利，而是江湖术士、悬壶医家的“杰”作。木炭、硫黄和芒硝，本为炼制长生不老丹，却不料成为黑火药。一撮火药，一支火箭，将千百年雄霸的冷兵器时代改变。

指南针，是古人劳动偶得的硕果。采玉人发现了磁石，掠宝人发现了磁石的指向性，司南、罗盘、指南针，成为指引人们行动方向的新发明，让人们不再因没有太阳、没有月亮、没有星星而路途迷茫。一枚磁针，一个方向，让天涯海角变得有边有沿。

这便是《四大发明的古往今来》逐篇逐章体现的历史知识、精彩故事和伟大显现。

本书对于每个发明都不仅讲古，而且叙今。从蔡伦造纸到当代低碳环保造纸，从毕昇的活字印刷到当代王选的激光照排，从火药武器到原子炸弹，从司南罗盘到北斗导航，无一不彰显“四大发明”饱含中国智慧和中国精神，更是古往今来始终产生价值，一直促进经济发展和文明进步的伟大发明。

四大发明是特定历史时期人们为生产生活所需而探索创造的产物，不仅有知识，更有方法与精神。本书通过故事演绎方式来讲述四大发明的历史进程及其对当今科学发展的影响，融知识性、历史性、辩证性、故事性、趣味性于一体，旨在使青少年在轻松阅读中学到知识、拓展思路、掌握方法，从而提高兴趣与科学素养，并树立自主、自强、自立的信念和决心。希望本书能带给读者充满知识性、想象力和人文气息的科学之旅。

限于笔者的视野与知识水平，本书存在的不妥与疏漏之处，敬请广大读者朋友批评指正。

1 烧竹驱兽 / 001

2 求药长生 / 011

3 着火之药 / 019

4 火药武器 / 027

5 火药烟花 / 037

6 火药传播 / 045

7 火药影响 / 053

8 现代火药 / 061

9 原子炸弹 / 071

结束语 / 077

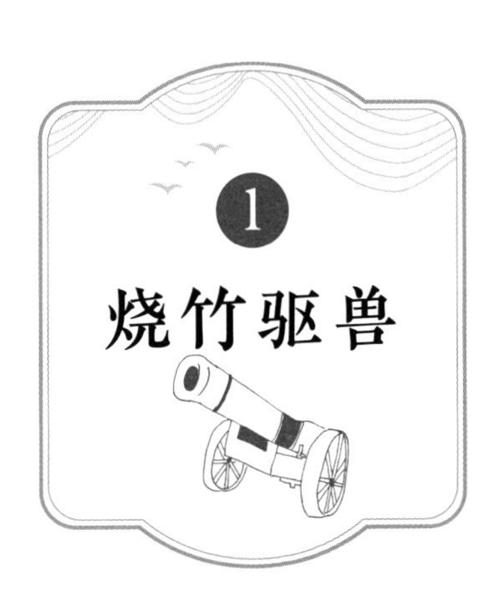

1 烧竹驱兽

古人学会用火，纯为吃熟喝热。

到了严冬寒节，还可驱寒暖窝。

餐餐必吃烧烤，火堆天天不灭。

竹管受热噼啪，吓得狐狼退缩。

上古时代，吾嘉部落的人们早已学会用火烧熟食物，用火制造工具，甚至用火来狩猎和采摘果实，火已经成为人们生活中必不可少的重要条件。

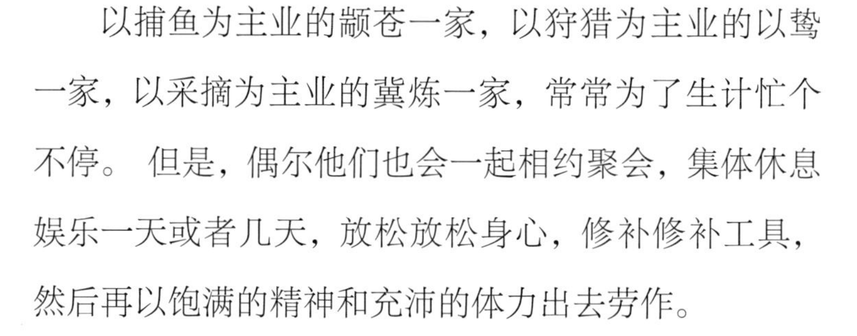

以捕鱼为主业的颛苍一家，以狩猎为主业的以鸷一家，以采摘为主业的冀炼一家，常常为了生计忙个不停。但是，偶尔他们也会一起相约聚会，集体休息娱乐一天或者几天，放松放松身心，修补修补工具，然后再以饱满的精神和充沛的体力出去劳作。

每次聚会，他们都会点燃一大堆篝火，将大块的肉丢进火堆里烧，做个支架在火上烤鱼，甚至将半干的豆子连秆带豆荚一起点燃烧豆吃。随着噼噼啪啪声响越来越多，豆秆烧完了，豆子也就差不多烧熟了，有的豆子烧焦了，有的豆子烧黄了，有的豆子裂开了，烧熟的豆子冒着香气，放在嘴里一嚼，味道好极

人类喜欢烧烤，是从原始社会就刻进基因里了吧？

了。还有烧熟的肉，烤得半焦的鱼，几家人每次都吃得非常开心，玩得非常尽兴。原始烧烤常常让他们觉得无忧无虑的简单日子实在是天底下最美好的生活。

他们发现，每次烧火，只要是用到竹子，竹子在烧着一段时间后，就会发出啪——啪——啪——很大的响声，有点像烧豆子，但比烧豆子声音大多了。而且，随着火势增大，那些粗点的竹子发出的声音更大，会突然“啪”地一声，将整个火堆都崩得四散开来，围着火堆的人吓得赶紧起身躲开，避免被烧伤。

这个发现，改善了他们的生活。

以鸷说：“下次咱们一起去打猎，在几个不同的方位点上几堆竹火，竹子一响，那些藏起来的山鸡野兔就蹦出来了，然后咱们就好捕捉了。”

颛苍说：“以鸷，这个主意好，我负责点火，你的箭法好，你负责射箭。”

冀炼说：“颛苍、以鸷，你们多射几只，我负责用采果子的大筐把猎物都装回来。”

这一天，他们用“烧竹驱兽”法打到了八只兔子、二十七只山鸡，外加一头野猪，可谓大获丰收。

回到部落，他们将猎物分开，各自拿着回洞了。

第二天早上，以鹙在洞口哇哇叫骂。以鹙早上起来发现自己的猎物少了，熟悉动物的以鹙一看就知道，他的几只鸡被黄鼠狼咬过了，还有两只被偷走了。以鹙一边骂黄鼠狼，一边走到颛苍这边，问问他家的情形。颛苍说自己家的一只也没少。问冀炼家，也没少。这是怎么回事呢？他们仔细分析后得出了结论，原来，晚上颛苍、冀炼家洞口的火堆始终没熄灭，而且他们都半夜里起来添了几次柴，柴里有竹枝，一晚上都时不时有噼啪的声音；而以鹙一整天拉弓射箭过于劳累，睡得太沉，后半夜火堆熄灭了，于是被黄鼠狼钻了空子。

后来，每每收获了猎物的时候，他们就整晚上在洞口点一堆火，而且专门烧竹子，他们的猎物就再也没丢失过。

再后来，人们发现，燃烧竹子不仅可以惊吓野兽，还可以吓跑鬼怪。关于爆竹吓跑鬼怪，这里还有一个有意思的传说呢。

相传，古时候过年并不叫“过年”，只是按照皇历，

月黑风高，竹节火爆；狐躲狼遁，逃之夭夭。

一年到头，除夕守岁。除夕这夜，本来是人们团聚欢庆的时刻，然而，却因为一种怪兽的侵扰，常常过得不得安宁，甚至东躲西藏。为什么会这样呢？

原来，当时有一种叫“年”的怪兽，深居海底，它们身材高大，头上长角，异常凶猛。“年”有一个习惯，每到除夕就爬上岸来，见到活物就吞食伤害。活物受到惊吓会尖叫和乱跑，特别是人类，这更刺激了“年”的兽性，到人家里去吃人害命，成了“年”的首选。于是，为了躲避“年”，在除夕这天，人们不仅不能摆宴欢庆，还得扶老携幼逃往深山躲避。

这年除夕，人们都急着去避难，而村外来了一个乞讨的老头却在村里的一位老婆婆家要吃要喝，还非要住下来。老婆婆给了他些食物，劝他说：“‘年’就要来了，赶紧逃命吧。”老头却捋着胡须笑着说：“婆婆，你别走，看我怎么把‘年’吓跑赶走。”老婆婆头摇得像拨浪鼓，谁敢拿生命冒险呀。于是老婆婆慌忙跟着乡亲们逃走了。

到了半夜，“年”来了。它发现所有人家都黑灯瞎火的，没有生气，而唯独有一户人家灯火通明。

过年：爆竹声中一岁除，春风送暖入屠苏。

“年”靠近老婆婆家，发现门上、窗边贴着大红纸，院内点着火堆，屋内烛火明亮。“年”怪叫一声，想引起人的慌乱尖叫。然而，当它边叫边走进婆婆家院子时，院子里突然响起噼噼啪啪的声音，“年”吓得浑身发抖，不敢往前走了。这时，婆婆家的门开了，里面走出来一个人，身穿大红袍，哈哈大笑。“年”吓坏了，转身就逃，瞬间就无影无踪了。

第二天一早，避难的人们纷纷回来了。老婆婆赶紧跑回家看看那个老头还在不在。等她回到家一看，老头不仅活着，还正红光满面地吃着老婆婆早就准备好的美食呢。这个消息很快传遍了村里，大家都来老婆婆家看这个没被“年”吃掉的老头，问他为什么能活下来。老头告诉人们，“年”最怕红色和火光，更怕烧竹子发出的巨响，我算着“年”差不多快来了，就在火堆里加了几截粗竹子，结果几声巨响就把它吓跑了。人们一下子欢呼起来，原来这样就可以制住“年”，以后再也不用怕“年”来伤人了。

从此，每到除夕，人们就穿新衣，特别是穿红色衣服，贴春联，点篝火，放爆竹，驱“年”守岁。再后来，这个传统做法成了习俗，因为与“年”有关，就叫作“过年”。而放爆竹，是尤其重要的欢乐神圣的时刻。爆竹声一响，过年就达到了最高潮；爆竹声响过，年也就过去了，一切又是新的开始。

2 求药长生

秦始皇欲求不老，

往来仙岛，

访神问药。

长生丹本属虚缈，

其货无效，

其技玄妙。

吾嘉部落自从发现烧竹子可以驱兽之后，天天烧竹不断，人身安全、食物安全得到了很好的保障。然而，现实的问题来了。部落里家家户户每天烧竹子，去砍竹子是一件非常费工费力的事情，更何况日复一日，哪有那么多竹子呢。近处的竹子砍光了，就跑到更远的地方去砍；新竹子还没长成，也被人们抢着砍走了。于是，竹子供不应求，而且竹林没有了，动物也少了，野菜野果也少了，竹荒成了萦绕在人们心头的阴影。部落人交流时都在说，要是能有个什么东西，也能像烧竹子一样发出声响，并且能像石块一样堆在洞里，需要时扔一个就管用，那样就好了。

这个愿望没有一下子实现，而是随着人类的繁衍一代一代向下流传着。一次偶然的机会，人们发现了一个类似烧竹子的爆炸现象，让吾嘉部落人的愿望变成了现实。

且说随着社会的发展，人们对人生和自然的认知与信奉越来越纷繁多样起来。渐渐地，佛教与道教成为人们主要信奉的两大宗教。佛教讲求的是生死轮回，今世行善积德，是为修一个好的来世。道教讲求的是现世的价值，来世未知，不必计较，今世应该修得不灭才是真理。于是，佛教注重讲经说法，从改变人们的观念上下功夫，以善念善行善终转世；而道教则注重烧丹熬药，从改变人们的体质上下功夫，以药求强身健体长生不死。

长生不老，长生不死，几乎是所有人的愿望。最早迫切想长生不死的人要数秦始皇。

秦始皇统一天下后，看着国家版图万里江山，心中充满喜悦与不舍，然而很快地，另一种愁绪袭上心头，人都是要死的，万一死了，偌大江山再也看不见了，岂不可惜！于是，秦始皇开始思考如何才能长生不死，永远统治这万里江山。

一个名字叫徐福的，是位访仙炼丹的方士，他告诉秦始皇，东海蓬莱岛有仙人，可以去求长生不老药。于是，秦始皇派徐福率领五百童男、五百童女出海访仙求药。徐福带领着庞大的团队在海上漂流了很多时日，也没有找到他道听途说的仙人，更不要说药了。徐福害怕回去被杀头，于是顺流而去。直至他们到了一个认为可以安身立命的岛上，就安定下来，再也不回去了。据传说，这个岛就是日本岛，而徐福与这千名童子就是日本人的祖先。

徐福东渡大海求药没回来，这可急坏了秦始皇，怎么办呢？秦始皇又找到一个叫卢生的人，也是一位方士。卢生遍访名山寻找仙人，特别是寻找传说中的“高誓”“羡门”两位仙人。在卢生的百般努力下，他终于找到了一个可以炼制长生不老药的方子。于是，在皇帝的授意下，卢生安排一班人架起大锅，放入药材，熬制长生不老药——长寿丹。

其实，世界上哪来的长生不老药，愚昧的秦始皇一厢情愿，卢生可是走南闯北见过大世面的人，怎么会不知道。更何况作为方士，装神弄鬼本来就是他糊弄人的一套把戏，卢生说有长生不老药，他自己从来没见过，当然也不相信，不过是想多骗秦始皇几个钱

“可得长生吗？”“如镜花水月。”

罢了。

药开始熬制了，卢生命人怎么控制火候，先加哪样药材，后加哪种料，一切似乎都有条不紊地进行着。丹药熬着，皇帝等着，卢生却带着皇帝赏赐的金银财宝跑了。因为他知道根本熬不出长生不老药来，也不知道会熬制出什么东西来。后来，吃了丹药的秦始皇并没有长生，不到 50 岁就死了。

那么，长寿丹到底是个什么药呢？原来是这些炼丹方士们将各种草药和矿物混在一起，放在炉中高温加热使之熔化，然后搓捏成丹丸状，即为“仙丹”，将它献给帝王。帝王们自然没有哪一个因为服用了仙丹而长生不老，相反有的可能因为仙丹中含有过多的重金属而中毒死得更快。不过，当时的炼丹术士们坚持不懈，一直为炼制出令人长生不老永葆青春的丹药而努力着。于是，炼丹术不仅没有因为皇帝的短命而消亡，反而一代传一代，渐渐发扬光大。

后来，中国的炼丹术传至西方，因为炼丹术中应用到了金属矿物，西方人就将炼丹术广泛用到炼金行业，发展了炼金术，这便是近代化学的起源。

“徒儿们，架起八卦炉，加柴，炼丹！”

炼丹求长生，看似是一件荒诞的事情，但是方士们通过孜孜以求的炼制实验，却认识了大量金属、非金属，掌握了各种物质的特性，积累了不少化学知识及炼制经验。晋代葛洪编著的《抱朴子》一书中就对硫、汞、铅等元素有透彻的研究，并对无水的“火法炼丹”如煅、炼、灸、熔、抽、飞、优等程序有详细记载。而这些方法，正是化学的基本方法。愚昧的炼丹术，从历史的角度来看，有了其积极正面的作用，为化合物的产生，为化学的发展奠定了一定的基础。

3 着火之药

木炭硫黄芒硝，

本为炼丹熬药。

药未成，

却烧着。

医者大不悦，

兵家喜眉梢。

秦始皇求长生不老药，汉武帝也渴望长生久视，于是向民间广求丹药，招纳方士，并亲自炼丹。于是，炼丹家们急帝王所急、想帝王所想，反复实验、不断创新，以各种尝试和新方法炼制丹药。

炼丹家们一心想的是长生不老药，他们不知道，长生不老药没炼制出来，却偶然发明了一种影响世界流传千古的东西——火药。

炼丹家们炼丹也不是没有根据，他们按照道家经典《周易参同契》，安炉架锅烧火，将五金八石及草木花露置于锅内，以日月阴阳之数、三才五行之理、四象八卦之道，用武火煎烤，用文火熬炼，等达到预定时间，比如七七四十九天，或者九九八十一天，仙丹就炼成了。然而，炼丹家们都没有真正参透周易，凭着一知半解，以为掌握了炼丹法门和长生之术，孰不知他们炼出来的丹药只是他们自己理论上的长生不老药，真正的结果是，不仅不能长生，还可能是致病致死之毒药。

不论别人怎么说，炼丹家们执着于炼丹制药。经过无数次的试验，他们对于金属和草木的属性以及它们的合成物有了一定的认知，比如硫黄、砒霜有猛毒，服食水银会导致孕妇流产甚至死亡。当然也有错误认知，比如认为朱砂珍贵多食可以升仙，黄金无毒服用可以驻颜养容，雄黄是神药，服食可以驱鬼辟邪，等等。

于是，他们在炼丹时，十分注重各种物质的“脾性”，对硫黄、砒霜等猛物常用烧灼之法降伏——简称伏火，以降低或完全去除其毒性。隋唐时的著名医药家和炼丹家孙思邈在《孙真人丹经》中记载了“伏硫黄法”：硫黄、硝石各二两，研成粉末，放在销银锅或砂罐子里。掘一地坑，放锅子在坑里与地平，四面都用土填实。把没有被虫蛀过的三个皂角逐一点着，然后夹入锅里，把硫黄和硝石烧起焰火。等到烧不起焰火了，再拿木炭来炒，炒到木炭消去三分之一，就退火，趁还没冷却，取出混合物，这就伏火了。

上下五千年，帝王们的梦想——长生！

之后的炼丹家们认识到，硫黄、硝石相克相侮，再加入引火之物，就可以使它们混合燃烧，以降除它们的毒性。引火之物有的用皂角，有的用马兜铃，有的用木炭，炼丹家们发现，要伏硫黄、硝石之毒，必须加碳素物质引起燃烧。然而，炼丹家们还发现，这种燃烧极易着火，必须严格控制其反应，掌握炒制火候，否则就会发生火灾事故。小说《太平广记》和炼丹专著《真元妙道要略》等书中，都记载了道家、方士炼丹失火的事件，有的烧坏人，有的烧坏房屋，书中告诫炼丹者要慎防炼丹失火。

炼丹家们本来炼的是仙丹妙药，没承想却炼成了一种会“着火的药”。然而，不管怎么样，在炼丹家眼里，这种会着火的药依然是药，而且这种药也确实能治疮癣、杀虫、辟湿气，还对瘟疫防治有一定的功效（见《本草纲目》记载）。

后来，这种因为会着火而越来越不被炼丹家看好的药，其配方却被军事家如获至宝般加以重视，并且发扬光大。这种会“着火的药”于是就有了一个响亮的名字——火药（也叫黑火药）。

炼丹方士作为中国最早的化学家，都练就了一身火场逃生的好本领。

火药的发明正是：有心栽花花不发，无意插柳柳成荫。

在长期炼制“丹药”的过程中，炼丹家逐渐认识了“火药”的三种成分：木炭、硫黄、硝石。木炭是比木柴更好的燃料，很早就已广泛应用于冶金中。硫黄能治疗某些皮肤病，能与铜铁等金属发生反应。硫黄还可以与水银发生反应，利用这点，炼丹家在使用水银作为炼丹原料时，常加入硫黄以制服水银防止水银挥发。但硫黄易着火飞升，很难控制。于是，炼丹者在使用硫黄时，常采用“伏火法”以控制其燃点避免着火。炼丹家还发现，把硝石撒在炭上立即就能起火冒烟，硝石还能与许多物质发生反应，利用此特性，硝石常被加入丹炉以改变其他配料的性质。

通过对木炭、硫黄、硝石三种物质性质认识的逐渐加深，特别是经过长期反复实践，炼丹家发现，如果点燃木炭、硫黄、硝石的混合物，就会发生异常激烈的燃烧。于是，炼丹者在炼制丹药时小心把握流程、控制火候，制成了所需的仙丹；军事家们在制造火药时控制流程、调节火候，制成了所需的火药武器。

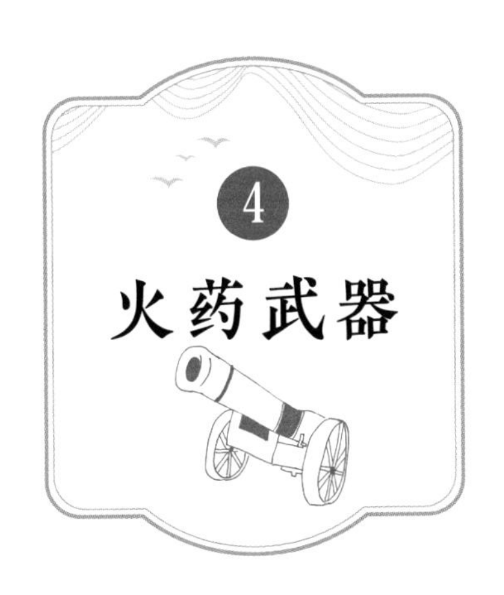

4 火药武器

火药制成火箭，

力克霹雳弓弦。

曹操若得此法，

诸葛焉能脱险。

隋唐时代的炼丹家们延续了老祖宗的执着传统，他们坚持不懈地创新方法、反复试验，只为炼制出使人长生不老的仙丹妙药。然而，仙丹没有炼出来，倒是因为炼丹发明了会“着火的药”。不管会不会着火，在炼丹家看来，它就是药，而在他人看来，特别是在军事家看来，这种“着火的药”无疑是天赐的神兵利器。

火攻，是古代军事家常用的破敌手段。现代的很多影视片都再现了古时的火攻场景：在弓箭的箭头部位绑上易燃易爆的东西，点燃后射出去，“火箭”直飞城头、敌阵，于是在火的助攻下，战场上战火纷飞，杀得你死我活。这是冷兵器时代的战争，那时火药还没发明，箭头上绑的一般是硫黄、油脂、松香等易燃物，可以引火，但火势并不大。火药发明后，军事家们就在想，火药易燃易爆，如果把它包起来引燃射出去，会不会产生特别的效果呢？ 于是，火药发明后很快就用在了战争上。

兵士们在箭头上绑一包火药，点燃引线射出去，射中目标后立即或者不一会儿，火药包即爆裂散开并燃烧起来，相当于引发了一场小型火灾，比起原来“火箭”箭头上的一点火，杀伤力大了许多倍，这让军事家们开心不已。 于是，他们进一步琢磨，怎样将火药的功用放大。

古时有一种抛石机，专门用于远距离打击或者以低临高攻城。 火药发明前，所抛之物为石头和油脂火球。 火药发明后，军事家们便尝试用火药包代替石头和油脂球。 点燃的火药包抛出去，冒着烟，落入敌阵后即轰然引起一大片火海，只见敌方的工事、物品、人马都被点燃，一时间，阵地上火焰冲天、硝烟弥漫、人叫马嘶，敌方阵势大乱，这时进军鼓擂响，一阵冲锋一通砍杀过后，便将敌方杀得片甲不留了。 这便是隋唐时代火药发明后的最早应用，主要是利用了火药的燃烧性。

大将生来胆气豪，射城之箭加火药！

到了宋代，由于战争不断，火药武器进一步发展。北宋政府设置军器监，建立专门火药作坊，大规模制造火器，研制出火药箭、火药炮等燃烧武器，霹雳炮、震天雷等爆炸武器，大大增强了军队的战斗力。除了官方研制，士兵军迷也琢磨火药武器的改良，研制出火箭、火球、火蒺藜等火器献给官府，被官府采纳用于实战。

南宋时期，火药武器得到革命性的改进，研制出管状火器——火枪。选择合适的竹竿，在竹竿内装上火药，点燃后使火药喷向敌军。后来，又研制出突火枪，在竹管内火药的前头装一个弹丸，如钢珠，引燃火药产生强大气体压力将弹丸喷出去，实现对点击杀，大大增加了近距离杀伤力，比冷兵器肉搏减少了持有者的伤残率。现代枪炮及子弹的原理即源于此。

到了元明时代，火药又将原始兵器发展向前推进了一大步。元代时，突火枪有了新突破，人们用铜或铁铸制成火筒代替竹筒，解决了竹筒被烧坏或炸裂的问题。用铜或铁根据需要铸成不同管径和不同长短的火筒，可以使火药增量增力，使弹丸更大，射得更远。开始时，人们管这种武器叫火筒，因为是竹制的筒状火器；后来，改为金属制造后，因为发音及材料原因，便将这种武器叫作火铳了。火铳有大有小，小的火铳短小，可以一个人手持使用，后来发展成为现代的手枪；大的火铳较为粗大，非人力可持，只能安放在地上或者支架上发射，因为火铳起初是用铜铸造的，所以也称为“铜火铳”或“铜将军”，后来发展成为现代的火炮。

明代对于作战武器的改进达到了古时的极致，研制出了多种“多发火箭”，就是将数十上百支火箭安放于一根长竹笼中点燃，如可以一次十发的“火弩流星箭”、一次 32 发的“一窝蜂”，甚至一次 100 发的“百虎齐奔箭”等，大大增强了战斗力。现代的多管火箭炮采用的就是多发火箭的原理。

最厉害的明代武器是“火龙出水”，可以近水面飞行，能达二三里远。其构造和使用方式如下：一支大的龙形“火箭”，龙体外绑四支“起火”用于助推，龙体内藏数枝小火箭，点燃外置“起火”，火龙便向前飞行，待助推火药燃尽的同时，点燃内置小火箭

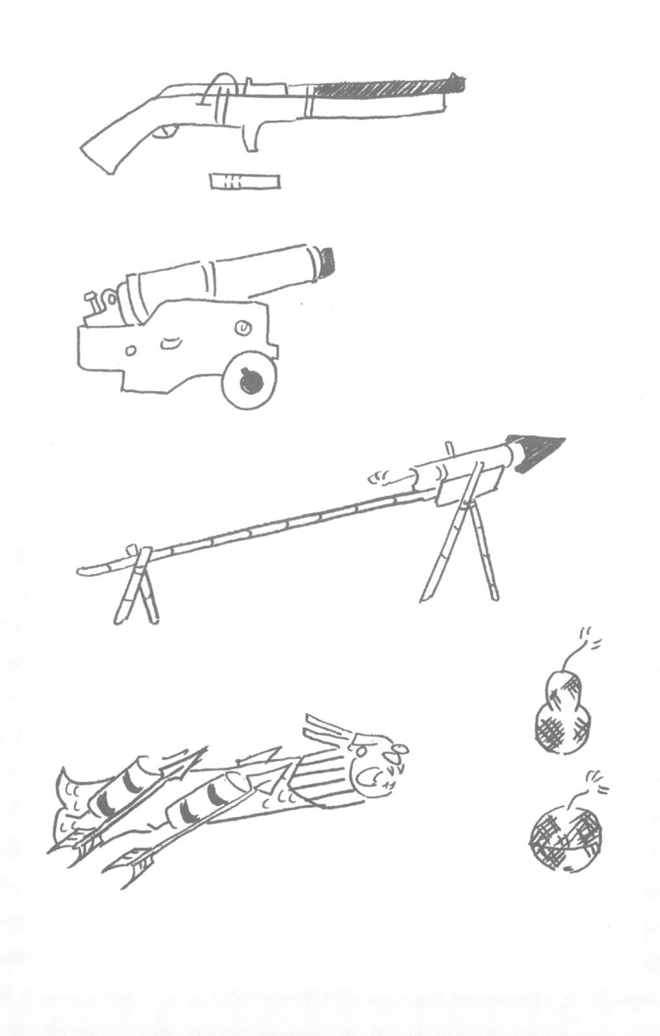

火药武器的发展是人类发展时间轴的刻度吗？

并从龙口射出，一举多发击中目标，如火龙翔于水面，然后烧毁敌船战舰，取得战争的胜利。这应该就是最早的二级火箭了吧。

在火药武器被战争各方掌握后，各方凭借经济和“智慧”，纷纷制造各种奇异武器，增强杀伤力。如在飞火枪火药里加入毒药，在震天雷里加入铁蒺藜，都附加扩大了火药武器的实战功效。

火药武器，以其杀伤力和震慑力，不论是挑起战争，还是安全防卫，一直是古今中外统治者爱恨交加，又孜孜以求的利器。

明代大型军事著作《武备志》记载了明朝万历年间出现的一种火药武器——“神火飞鸦”：用竹条或芦苇编织成乌鸦的样子，其腹内充以火药，身体两侧各装两支“起火”，体内火药与体外“起火”相连。打仗时，四支“起火”同时点燃，助推“乌鸦”向敌阵飞去，“起火”燃尽“乌鸦”落地，同时内置火药就被点燃爆炸。

“神火飞鸦”是现代火箭的鼻祖，颇类似于现代的捆绑式运载火箭，虽然明代还没有运载火箭，但人

星辰大海这个词最早可能出现在距今600多年前空间探索家——万户的心中。

们联想到，是不是可以利用“神火飞鸦”的原理，制造一个飞行器把人推出去飞上天空呢？

有想法就有实践者。明朝有个叫万户的人，异常勇敢，在一番准备后，他坐在绑有47支大“火箭”的椅子上，双手各拿一个大风筝，打算以“火箭”的推力飞上青天，然后以风筝的升力平安降落。可想而知，这次试验失败了。火箭爆炸了，万户为此献出了宝贵的生命。

万户作为世界上第一个利用火箭向太空搏击的英雄，得到了后世的高度评价。人们为了纪念万户的壮举，称他为“世界航天第一人”，国际天文学联合会将月球上的一座环形山以他的名字“Wan Hoo”来命名。

5 火药烟花

爆竹变烟花，火药来催化。

一夜连双岁，过年就放它。

火药发明后，不只军事家想到可以用来打仗，民间也有人想到它有多种用途，可以用来增加生活便利，比如引火；可以用来增加生活色彩，比如制成鞭炮烟花。

古时人们燃烧竹子过年，一为驱鬼避邪，二为增加节日气氛。因为古人认为，响声能惊吓鬼怪妖邪，火可以驱散不祥瘴气，火花跳是吉兆预示喜事降临，而烟的升起则可使阳气升腾。然而，烧竹听响实在是单调了些，火旺时噼噼啪啪响一通就完了，火弱时半天噼啪一声。而且，年节也不是一夜，几乎从腊月到正月，古时的人们都是在“过年”的，天天找竹子烧竹子，着实不方便。于是，人们就想着，如果能有一种类似爆竹一样的东西，随时可以燃放，能听响，还能看到彩色的火光，那可就太好了。这个愿望直到火药发明，彻底实现了。

火药发明后，人们都对这种会着火的“神药”大感兴趣，都想着它会着火，甚至会爆炸，这种性能可以用来做什么呢，而对它本身是药这个性能倒越来越不在意了。

军事家们在用火药制造“火箭”的时候，民间也有人效仿制作爆竹：将火药装在竹筒里压实，里面连一根引线到竹筒外，将竹筒塞紧。燃放时，点燃引线，引线燃至竹筒内，引燃火药，火药迅速燃烧，竹筒内气体膨胀，便发生爆炸。火药爆竹声音更大，而且将竹筒炸成碎片，这正是人们期待的“爆竹”。于是，人们大量制造生产这种爆竹，因为它可以存放，可以随时随地燃放，方便极了。

后来，又有人突发奇想，不仅用卷纸代替了竹筒，而且将单响变成双响，使爆竹能够在地上响一声，然后窜到天空再响一声，大大增加了节日的气氛。再后来，人们将单响爆竹连成串，点燃药捻，便是一连串爆响，煞是好听又好看。老百姓觉得爆竹的响声有点像人们甩鞭子发出的“啪”的声音，于是就将爆竹叫作鞭炮了，而那个能天地两响的爆竹，老百姓给了它一个更形象的称谓：二踢脚。还有，人们一般在鞭炮、二踢脚上裹一层红纸，燃放之后，碎红满地，寓意“满堂红”。

再后来，随着人们对鞭炮的多样性渴望和技术的发展，爆竹又升格为烟花。起初，用火药制造的能够爆响和闪光的烟花，是高档娱乐之物，只有贵族富豪家里才燃放得起，于是富人之间逢年过节都会攀比谁家烟花放得多，谁家炮仗放得响。到了明清时代，烟花变身为花炮和礼花，并且开始走入寻常百姓家，不管有钱没钱，老百姓也总要想办法弄几挂鞭炮放放，达官贵人家里的烟花就更加丰富多彩了。每到除夕，从掌灯开始，直到更残漏尽，噼噼啪啪燃放炮仗的声音此起彼伏，一夜不停。中国古人特别讲究“一夜连双岁，五更分二年”，一到五更天，更鼓响，鸡叫鸣，所有的人穿新衣戴新帽，各家点燃一堆旺火，燃放各种烟花，一刹那，夜空烟花绽放、光艳夺目，人们仰望烟花开心地笑着，心里祈盼新的一年风调雨顺、万事如意。“东风夜放花千树，更吹落，星如雨”，宋代

词人辛弃疾的这句词，生动形象地“记录”了如花开放、如雨坠落的烟花燃放情景。

我们现在看到的烟花（有时也叫焰火，焰火是烟花燃放的结果），能发出各种火焰、声音、彩烟、闪光、图案、文字，五光十色、斑斓绚丽，是人们对爆竹几经改进开发后的结果。每逢年节和喜庆时日，人们都要燃放烟花、鞭炮，在“爆竹声中除旧岁”，在“火树银花不夜天”中载歌载舞、尽情欢乐，并祈求平安吉祥。

作为烟花爆竹的发源地，中国的烟花历史已有一千三百多年，绚烂夺目的烟花爆竹激发了历代无数诗人的灵感：

爆竹声中一岁除，春风送暖入屠苏。千门万户曈曈日，总把新桃换旧符。

——王安石《元日》

人间巧艺夺天工，炼药燃灯清昼同。柳絮飞残铺地白，桃花落尽满阶红。纷纷灿烂如星陨，赫赫

火树银花的除夕夜，古人用爆竹点亮夜空。

喧逐似火攻。后夜再翻花上锦，不愁零乱向东风。

——赵孟頫《赠放烟火者》

东风夜放花千树。更吹落，星如雨。宝马雕车香满路。凤箫声动，玉壶光转，一夜鱼龙舞。蛾儿雪柳黄金缕，笑语盈盈暗香去。众里寻他千百度。蓦然回首，那人却在，灯火阑珊处。

——辛弃疾《青玉案·元夕》

……

先人留下来的这些脍炙人口的诗文滋养着一代代中国人的灵魂。燃放烟花早已不是单纯的习俗，更承载了中国生生不息的历史文化，而且还将一直传承下去。

6 火药传播

黑火药，中国造，异族只知快马弯刀，岂料大汗更有火箭外加霹雳炮。阿拉伯，欧洲佬，初尝识见飞火枪药，战争中学会炒制火药，发展枪炮。

火药这种东西，按着性子，会着火，会震天响，就不是一城一国可以藏得住的。随着它在中国的应用和发展，同时伴随着中国与外国的经济、文化往来，还有战争，火药也就自然而然地走出国门，传向外邦。

唐宋时期，中国与外国，特别是与周边国家和丝绸之路沿线国家，贸易频繁。当时盛行的医药、炼丹术很快也得到西方人的青睐，特别是炼丹术。炼丹中使用的硝，是他们非常钟爱的东西，因为他们知道硝可以用来治病、冶金和制作玻璃。阿拉伯人将这种从中国进口的白色药物叫作“中国雪”；波斯人则不仅看了硝的外在，还尝了它的味道，将硝叫作“中国盐”。当时的阿拉伯人和波斯人还不知道硝也可以做成火药，只知道硝可以辅助熔化金属、石块，可以使金属、物质发生改变，于是将硝大量使用在冶金和制造玻璃上。他们不断改进冶金技术和发展冶金工业，用炼丹术的原理和类似方法，发明了炼金术。正是西方人这个企图通过各种化学配比，把低价金属转变成黄金等贵重金属的炼金术，开启了近代化学的先河。

火药作为武器传播到西方，大约比火药作为医药传播到西方晚了四五百年。这个时期是公元十三世纪，即中国元朝时代。且不说火药作为烟花爆竹应该是早已传播西方并像中国一样成为先是贵族富翁的娱乐新宠，后来成为寻常百姓的生活常见，单说火药武器的世界传播，它并不像烟花爆竹作为商品可以自然流通至西方，而是战争将它带到了西方。

中国宋元金并存时期，作为少数民族的金、元起先并无火药武器，他们使用的仍是快马、弯刀、长矛、弓箭等冷兵器。但是通过几场战役后，没有火药武器的一方，也想方设法拥有火药武器，大大增强了战斗力。比如1207年，宋金在襄阳开战，金人当时还没有火药武器，宋将用霹雳炮和火箭乘夜偷袭，金人被突如其来的火攻和爆炸搞得晕头转向、狼狈不堪，

在火药的加持下，蒙古铁骑踏遍欧亚，所向披靡。

最终死伤无数，溃败避战。1232 年，蒙古军进攻金都汴京，没有火药武器的蒙古人又被金人的“震天雷”和“飞火枪”打得晕头转向、不知所措，终致一场大败。然而，强大的蒙古军还是于一年后攻破金都，俘获大量火药武器，并且俘虏了一批掌握炼制火药和使用火药武器的工匠、兵士，于是，蒙古军队从此拥有了火药武器，这支世界上强大的军队就更加强大了。

1235 年，蒙古大军再次西征。这次出征，蒙古军配备了强大的火器部队。本来就忌惮蒙古军快马弯刀强大战力的西亚和东欧各国，在蒙古军强大的火药武器攻击下，更加一触即溃，不过几年，蒙古大军便横扫东欧平原，蒙古帝国囊括了欧亚大片土地。

蒙古人统治西亚和东欧时期，中国的各种文化和科学技术知识不断向西方传播。比如，蒙古人灭亡阿拉伯帝国后建立了伊利汗国，这里很快就成为中国文化传向世界的枢纽。而希腊人也大约是在此时翻译了阿拉伯人的书籍，得知了既能医治病痛又能作为武器的中国火药。

火药，通过丝绸之路走向了世界。

火药的主要传播渠道是战争。俗话说“胜负乃兵家常事”，蒙古军也不是总打胜仗。1260 年的一次战役中，叙利亚军队打败蒙古军队，阿拉伯人缴获了大量的火药武器，俘虏了一批火器工匠，于是阿拉伯人也从此掌握了火药武器的制造和使用。其后，阿拉伯人与欧洲各国的多年战争中，都使用了火药兵器。同时，在胜胜负负的交错中，欧洲人也逐渐掌握了火药技术和开始制造火药武器。

火药武器在西方的传播，引发了新的一轮武器技术革命。随着资本主义的发展，统治与被统治的军事博弈，火药武器作为提升军事实力的重要手段而大受关注，从而进入一个快速发展的时代。

7 火药影响

火药发明自中国，主作烟花寻欢乐。

外邦发展火药技，制成武器打中国。

清廷自诩泱泱国，异族小技奈我何。

及至打破国门后，才思反学强自我。

火药从中国发明，尔后传遍全世界。然而，火药在中国的发展却不尽如人意。相反，在几个世纪后才知道火药和学会制造使用火药武器的西方，将火药作为武器的功用发展到了极致。

火药从十三世纪传入欧洲，当时欧洲人多仿制中国火药武器，而到了十五世纪，欧洲人对火药进行不断研发后，制造出了比中国先进的火药武器：手掷弹药和火枪火炮。这时，正是中国的明王朝时期。到了十八、十九世纪的近代，西方国家因西学的领先，由火药到炸药，将火药技术提升到了一个更高的层面，将中国火药远远甩在后面。

欧洲人为什么能后来者居上呢？主要是频繁的战争促进了欧洲人对火药武器的大力研制和极速推广。因为战争，欧洲各国大兴武器工业，制造精锐火炮武器装备部队、舰船，使各个国家的军队战斗力倍增。当然，一些国家自恃火药武器强大远航征战，火药武器于是成为这些“强盗”占领、征服殖民地的利器帮凶。

蒙古大军西征至欧洲时，欧洲当时还处于封建割据状态，为了土地、金钱和传播信仰，各国相互征伐，战乱不止。以冷兵器为主的欧洲原始战争不能很快决出胜负，于是一些战争绵延不止，有的数十年，如胡斯战争、意大利战争，有的甚至上百年，如英法战争。蒙古军队的西征为欧洲国家带来了福音。使用威力巨大的火炮，可以很快攻破敌人固若金汤的城堡、要塞，而占领和拥有坚固的城堡、要塞，就能建立起稳固的统治。于是，西方的征服者不惜重金购置火炮和花大力气研制生产火药武器。特别是欧洲各国对大口径火炮的需求，极大地刺激了火炮技术的发展，引发了火药武器技术的越级提升。

可以这样说，当近代中国人在玩烟花爆竹大肆娱乐和以简单火药武器加大刀长矛互相内耗的时候，欧洲人却对中国的火药加以研究利用，使其为增强国力、

枪炮口径越来越大，射程范围和杀伤力也越来越大。

扩大国土发挥了巨大作用。

在战争推动下，早期的欧洲人以黑火药取代冷兵器，研制出无烟火药、高爆炸药、粒状火药和火帽等，开发出雷击枪、火绳枪、燧发枪，乃至后来更加精准的线膛枪炮。武器的发展，进一步推动了陆地战争、攻城战术、海军舰艇的发展，欧洲从武器到战争都发生了彻底的革命性升级。

而十五世纪前后的明代中国，甚至后来的清王朝，依然秉承儒家思想、程朱理学，以德治国、封建治理，封闭了中国人的思想和视界。因此，当时的中国在各种发明和生产发展方面的研究，几乎没有多少物理、化学方面的理论支撑，没有进入科学技术范畴。一边是凭着近现代科学发展技术，一边是凭着感知在摸索前进，于是，高级对简陋，近代中国在科学技术方面，包括火药研制发展方面，输给了西方人。

到了清代，中国的火药和火药武器几乎比前人没有多少进步，制造火药的工艺技术和产品品质，与西方人有着极其明显的差距。

十七到十八世纪，欧洲的火药生产不仅有科学理

人类持续了千年的冷兵器时代因火药的发明而终结。

论作为支撑，而且工业革命带来机械化，让火药的品质更为优良。而此时的清朝，自诩泱泱大国，不轻易服气别国，更不愿意虚心向别国的“歪理邪说”“雕虫小技”学习，制造火药依然靠原始的手工作坊和官方的火药工场。于是，清代的中国火药制造无法高度提纯硫和硝，原始药料杂质含量较高；没有先进的粉碎、压制和磨光等机械与工艺，仅以舂碾和手工打磨，制出来的成品火药颗粒较为粗糙，不能充分燃烧。比起品质优良的欧洲火药，清军火药实在劣质，再加上发射火药的枪炮器械也不如欧洲，清军的火药武器在西方武器面前根本就是相形见绌，不堪一击。

火药发明于中国，火药武器起源于中国，然而中国近代火药发展极大地落伍了。火药武器的落后是近代中国落后欧洲的根本原因之一。其结果是，西方人在海岸上架起几门大炮就征服了中国，将中国变成了殖民地国家，给中国带来了百余年的丧权辱国血泪史。

8 现代火药

黑火药，中国造，威力仅为霹雳炮。

西方人，直发笑，如此材料没用好。

苦味酸，雷化汞，制成武器天下恐。

梯恩梯，黑索今，药性脾气最暴躁。

火药的发明和火药武器的使用不仅终结了冷兵器时代，使作战方法发生了彻底的变革，而且为世界文明总体上向前跃迁发挥了重要的和积极的作用。可以说，中国火药大大推动了世界历史进程。

火药发明于中国，火药用于军事也始于中国。但将火药发扬光大的，并不是中国。西方人在中国的黑火药的影响下，在物理、化学理论支撑和工业化精工细制操作下，将火药研制推向新的发展高度，研制出现代意义上的新型火药——黄色火药，即炸药。

起初，黑火药传到欧洲时，与中国一样，欧洲人也大多用来制作烟花，或者用于纵火制敌。当然，也同时用作枪炮的发射药，但也仅限于火枪、火铳之类的滑膛枪炮。撇开枪弹射出去后着火的作用，单就射杀力而言，这种滑膛枪炮的威力，并不比当时的弓箭

都是火药，我之琼瑶，彼之毒药。

威力大多少，因此近代西方的战争中仍然以骑兵冲锋为主，兵器则为弓弩加滑膛枪炮。

怎样才能改变火药武器的性能，特别是研制出更大威力的火药，来增强战斗力呢？欧洲人军事上的急需，加大了他们对火药研究的力度。于是，无烟火药、双基火药、雷管、梯恩梯（一种烈性炸药，常简称为 TNT）等近现代威力越来越大的新型火药陆续研制出来，与此相随，黑火药便在军事上逐渐被淘汰了。

现代火药的发展也不是一蹴而就，也经历了一个较漫长的过程。

1771 年，英国的 P. 沃尔夫在研制一种黄色染料时，合成了一种黄色结晶体——苦味酸。人们在后来使用苦味酸时惊奇地发现，它竟然也具有爆炸功能，于是，将其研制成了装填炮弹的药料，于十九世纪开始广泛作为军事武器。这便是黄色火药的起源，也即烈性炸药的由来。

1779 年，英国化学家 E. 霍华德发明了雷酸汞，简称雷汞，用于配制底火击发药，也用于装填爆破雷管。

1845年，德国化学家C. F. 舍恩拜因将棉花浸于硫酸和硝酸的混合液，使棉花纤维素硝化，发明了火棉。

1846年，意大利化学家A. 索布雷把半份甘油滴入一份硝酸和两份浓硫酸混合液制得烈性液体炸药硝化甘油。

1860年，普鲁士军人E. 郐尔茨用硝化纤维制成枪、炮弹的发射药，俗称棉花火药。从此开始，硝化纤维火药取代了黑火药作为发射药。

1862年，瑞典化学家A. B. 诺贝尔发明了用“温热法”制造硝化甘油的安全生产方法。1863年，德国化学家J. 威尔勃兰德在诺贝尔的启发下发明了梯恩梯（TNT）。梯恩梯是一种威力很强而又相当安全的炸药，20世纪初开始逐渐取代苦味酸，用于装填各种弹药和进行爆炸。1866年，诺贝尔用硅藻土吸收硝化甘油发明了达纳炸药，即黄色火药。1872年，诺贝尔又在硝化甘油中加入硝化纤维，发明了胶质炸药——胶质达纳炸药，这是世界上第一种双基炸药。

1884年，法国化学家P.维埃利发明了无烟火药。由此开始，无烟火药取代有烟火药成为发射药，普遍使用于各种枪弹，特别是重机枪子弹。

1899年，德国人亨宁发明了黑索今，这是一种爆炸力极强大的烈性炸药，比TNT猛烈1.5倍。

现代火药威力更强，杀伤力更大，而本身又具有比黑火药更好的安全可控性，成为现代战争必不可少的武器。当前，世界处于大变局时代，各国为了增强军事实力，仍在研制火药，或者在靠火药发射的武器器械研制上下功夫。

前面提到诺贝尔发明了黄色火药——炸药，没错，家喻户晓的“诺贝尔奖”设立者，就是现代炸药之父！我们简要回顾一下他的火药发明之路。

诺贝尔出生在瑞典首都斯德哥尔摩，他父亲就是位研究炸药的专家。诺贝尔打小耳濡目染，对研究炸药产生了浓厚的兴趣。特别是每次和父亲一起去试验炸药，那是他最开心的事情，因此，他几乎是在轰隆轰隆的爆炸声和弥漫的硝烟中度过的童年。

青年诺贝尔曾先后在俄国、美国学习化学，这为他以后研究炸药奠定了非常扎实的理论基础。学业完成后，诺贝尔便开始了正式研究火药的生涯。受父亲的影响，诺贝尔有着顽强勇敢的性格，这也导致他在研究炸药的路上无所畏惧，一往无前。

为了把烈性炸药硝化甘油改造成安全炸药，诺贝尔经历了充满危险与艰辛的研究。他经过研究发现，硝化甘油用硅藻土吸附后会变得很稳定，但如何引爆它却成了难题，他进行了无数次的尝试。一次，诺贝尔在试验中发生了爆炸事故，实验室瞬间被炸飞，五个助手当场炸死，包括他最小的弟弟。邻居非常害怕，向政府控告诺贝尔的危险行为，政府便不准诺贝尔在市区做实验。失去亲友让诺贝尔无比沉痛，但更加坚定了他制造安全炸药的决心。他在市郊湖中的一条船上继续他的实验。功夫不负有心人，1865 年，诺贝尔终于发现了一种极易引爆之物——雷酸汞，他把雷酸汞装在小管子里，又加了一条导爆索，做成了引爆的管状物，这便是雷管，是黄色炸药不可或缺的一部分。后又于 1867 年发明了安全雷管引爆装置。

在安全炸药继续研制的过程中，诺贝尔进一步对

为什么没有人想和鼎鼎大名的诺贝尔做邻居?
因为他“现代火药之父”的称号并非浪得虚名!

旧炸药进行了改良研究，最终成功研制出以硝化甘油和火药棉混合而成的一种新型爆炸物——胶质炸药。胶质炸药不仅爆炸力强大，而且安全性更高。继而，诺贝尔又在大量研究和实验后，成功研制出新型无烟火药。

就是在这样的孜孜以求中，这位伟大的化学家、发明家，一步步走向发明制造的巅峰，特别是在炸药研制方面，成就尤其突出。在诺贝尔一生的355种发明中，其中炸药发明就达129种。在他去世时，拥有近100家炸药和军火工厂，使他积累了巨额财富。他设立的流芳百世的遗嘱——诺贝尔奖，激励了后代无数科学精英献身人类科学事业，推动着人类的文明与进步。

9 原子炸弹

火药本是药，无意成燃料。

引发原子弹，炸过日本岛。

一落十万命，有哭亦有笑。

全球共瞩目，控核最重要。

从中国发明火药，到火药改变世界，再到世界发展火药，火药经历了从最初的会着火的药，到当代能剧烈爆炸的炸药，不仅内质不断变化，而且能力不断增强。

人类较之于其他动物的厉害之处，就在于能缜密思考和制造工具。就拿火药来说，如果发明火药是无意之举，那么制造炸药则是有意而为，而当今研制威力更大的炸弹，则更是有意的专门作为。

为什么要在炸弹、在武器研制上下功夫呢？因为世界发展不均衡，大国恃强凌弱，小国动荡不堪，世界格局不断变换。各国都知道，谁拥有最厉害的武器，谁就拥有最强的威慑力与话语权。于是，大国研制新型武器，以维护雄霸天下的强势；小国渴求新型武器，以拥有保境安民的能力。

鸦片战争时，中国清军大刀、长矛加火枪对阵英国洋枪洋炮。中国手工制造的黑火药在英国精工细制的机械化火药面前，如同水果刀对阵大砍刀，根本不在一个量级上，没几个回合便以不堪一击之态败下阵来，被迫签订了丧权辱国的《南京条约》，这就是器不如人的一个明证。

甲午海战时，中国北洋舰队对阵日本海军，中国舰炮的命中率并不低，可是效果实在太差了，北洋舰队发射的炮弹，基本都是不带火药、靠力量洞穿敌舰的铁蛋，打到坚硬的日舰上，要么打个洞，要么砸个坑，几乎造不成实质性的伤害。而日舰就不同了，射中北洋军舰的弹头都是装填了苦味酸的烈性炸弹，于是战争胜负，立下即判，中国又一次被迫签订了丧权辱国的中日《马关条约》，为中国带来了更加沉重的半个多世纪的灾难。这是器不如人的又一个实例。

古今中外，此类实例不胜枚举。于是，制造尖端武器、威力炸弹，就成为各国最大的渴求。

1945 年，两声巨响，震惊了全世界。法西斯帝国日本，对美国和其他国家犯下的侵略罪孽，终于引

人类的终极杀器——原子弹！

来了美国当时的终极炸弹——原子弹。1945 年 8 月 6 日和 9 日，美国分别在日本广岛和长崎投下一颗原子弹。据统计，爆炸当日，广岛死亡 8.8 万余人，负伤和失踪 5.1 万余人，全市 7.6 万幢建筑物有 4.8 万幢全被毁坏，2.2 万幢严重毁坏；长崎全城 27 万人，死亡 6 万余人。这是至今使用单枚炸弹创下的最高纪录。这些统计数字，还不包括其后几十年中，因为炸弹辐射带来的后续死亡和致疾统计。

原子弹爆炸开启了火药武器的新时代——原子炸弹时代。

时间回溯到第二次世界大战时期。德国、意大利和日本都是军事实力非常强大的法西斯帝国，它们靠着强有力的军工支撑，在战场上使用苦味酸、硝化甘油等炸药，及至后来使用 TNT 烈性炸药。对比于德意日法西斯帝国，其他国家当时大多使用的仍是黑火药，只有部分使用了硝化棉炸药的“新式”炮弹，而这根本不是一个重量级的比拼，所以法西斯帝国曾经一度在战场上取得节节胜利。为了打败德国、意大利、日本法西斯，世界各国纷纷研制新型武器，以求克敌制胜。

美国率先启动了“曼哈顿计划”，成功研制出原子弹，并应用于实战。日本广岛和长崎的两声巨响，证明了原子弹的威力。

简单来讲，原子弹的主要结构分两部分：裂变材料（核炸药）与高效火药（化学炸药）。首先通过雷管将火药引爆，火药爆炸产生的推力与冲击波压缩核裂变材料，使其密度增大迅速达到超临界状态，从而引发链式裂变反应，释放出巨大能量。原子弹爆炸后的杀伤力，不再是传统火药的引发大火和爆裂炸碎，而是以光和热辐射、冲击波以及原子射线的强劲穿透力杀死生命细胞，达到杀伤的目的。

传统火药在原子弹爆炸过程中发挥了强大的助推之功，这让火药在原子能时代有了新的内涵与使命。

然而，原子弹毕竟是杀人武器，而且其杀伤力和残忍度远比黑火药大得多。所以，禁止使用原子弹，成为当今世界各国在建立和维持新秩序中必须遵守的共同信约。

结束语

硫黄芒硝木炭，

易火难存与共。

道家懵懵兵家懂，

即此弃医从戎。

纵横历史时空，

火药彰显神通。

你来我往峰烟重，

沙场轰轰隆隆。